"文化旅游：绍兴故事新编"丛书

绍兴名山

朱文斌　何俊杰　主编

余晓栋　丁晓洋　张书娟　副主编

浙江工商大学出版社
ZHEJIANG GONGSHANG UNIVERSITY PRESS
·杭州·

图书在版编目（CIP）数据

绍兴名山／朱文斌，何俊杰主编. — 杭州：浙江工商大学出版社，2023.3

（"文化旅游：绍兴故事新编"丛书；7）

ISBN 978-7-5178-4814-1

Ⅰ.①绍… Ⅱ.①朱… ②何… Ⅲ.①山—介绍—绍兴 Ⅳ.①K928.3

中国版本图书馆CIP数据核字（2022）第006269号

绍兴名山
SHAOXING MING SHAN

朱文斌 何俊杰 主编

出 品 人	郑英龙
策划编辑	任晓燕
责任编辑	唐 红
责任校对	张春琴
封面设计	屈 皓 马圣燕
责任印制	包建辉
出版发行	浙江工商大学出版社
	（杭州市教工路198号 邮政编码310012）
	（E-mail：zjgsupress@163.com）
	（网址：http://www.zjgsupress.com）
	电话：0571-88904980，88831806（传真）
排 版	杭州彩地电脑图文有限公司
印 刷	杭州宏雅印刷有限公司
开 本	880 mm × 1230 mm 1/32
印 张	44
字 数	460千
版 印 次	2023年3月第1版 2023年3月第1次印刷
书 号	ISBN 978-7-5178-4814-1
定 价	228.00元（全9册）

　　文旅融合、重塑城市文化体系，核心是激活、转化、创新文化资源与文旅产业，形成色彩斑斓、各具特色、生动活泼的文化旅游大格局，而讲好绍兴故事、传播好绍兴声音必然意义非凡。

　　由浙江越秀外国语学院、浙江传媒学院组织编纂的这套"文化旅游：绍兴故事新编"，是面向广大青少年和游客的系列普及丛书。书中通过民间故事、历史逸事、神话传说等角度取材编写，系统地向大家介绍了与绍兴有关的越中名人、历史文化、名川大山、江河湖泊、千年古桥、黄酒、越茶名寺、古镇古村、名楼名阁等九大方面故事，从

多种维度书写了绍兴城市独特的历史芳华，浓缩了古越大地的千年文脉意象，使之成了为广大青少年和来绍兴的游客解码绍兴城市历史文脉的一把钥匙和引领他们漫溯古越文化的一艘时光乌篷。

丛书中的故事通俗易懂、情节跌宕起伏、语言优美生动，既有历史的维度，又有文化的内涵，每个专题在用多个故事还原绍兴历史文化的同时，对绍兴大地的风物、地

貌、人文、历史等方面都进行了故事性的直观描述和清晰解读。在这本书里，绍兴已不仅仅是一个停留在人们头脑里的地域性存在和耳朵中听闻的故事叙述的空间，而是变成了一个向广大青少年和游客诠释、展示和输送绍兴整座城市精神、气质、品格的重要平台。我想，这部丛书的出版对于广大青少年和游客应该可以产生三个层面的积极影响：

一是使广大年轻人更加了解绍兴故事和感知绍兴文化。丛书中大量吸引人、感染人的故事情节和故事事实，可以使年轻人更加了解素称"文物之邦、鱼米之乡"的绍兴是"山有金木鸟兽之殷，水有鱼盐珠蚌之饶，物有种养工贸之丰，城有山水人文之绝"的；同时使年轻人更加深刻地感知到灵光四射的越中历史文化，体悟到延绵不绝的绍兴人文思想，并让这种深厚的历史文化与风土人情形成持续的吸引力与影响力，熏陶、浸润和教化一批又一批的年轻人。

二是使广大年轻人更加热爱绍兴故事和敬仰绍兴文化。

让广大年轻人在了解绍兴故事和感知绍兴文化的基础上，更加充分地了解到，在绍兴这片古老的大地上，一万年前就有于越先民繁衍生息，中华民族的人文始祖在这里开天辟地，灿若星辰的先贤名士在这里挥洒才情；感知到，从越国都城到秦汉名郡，从魏晋风流到隋唐诗路，从南宋驻跸到明清士都，从民国峻骨到新中国名城，绍兴先民在古越大地演绎了荡气回肠的侠骨柔情和续写了延绵不断的千年文脉，使年轻人发自肺腑地生出热爱绍兴故事的人文情怀和敬仰绍兴文脉的文化凝聚力。

三是使广大年轻人积极传播绍兴故事和弘扬绍兴文化。当广大年轻人对绍兴故事和绍兴文化产生强烈的人文情怀和较强的文化敬仰之情时，他们就会自然而然地将绍兴文化中的人文精髓植入并内化到自己的生活、学习之中，并会自觉向更多的人讲述他们眼中的绍兴故事、文化特色和人文情怀，并能够积极地将那种跨越时空、超越国度、富有魅力并具有当代价值的绍兴文化精神自觉地传播和弘扬开来，从而在故事的讲述中延续绍兴传统历史文化的价值体系，使绍兴独特的历史文脉传承有序，长盛不衰。

实现上述三个层面的效果就是我们广大文旅工作者和教育工作者为广大青少年朋友讲好绍兴故事的应有之义和必然选择，我想这也应是浙江越秀外国语学院组织编纂"文化旅游：绍兴故事新编"这套丛书的题中真意和初衷本意了。

讲好绍兴故事，首先要让年轻朋友们融入绍兴情景并产生感动。就让我们在这套丛书的故事中陪同大家品读和感受绍兴的江南意涵与万年气象吧。

何俊杰

（中共绍兴市委宣传部副部长，市文化广电旅游局局长）

2019 年 11 月 24 日

目录

忍耻会稽山

　　说到绍兴，会稽山这个名字相信大家都是有所耳闻。作为中国古代九大名山之一，会稽山有很多历史传说，其中作为帝王的大禹"三过家门而不入"，清代学者

吴乘权《纲鉴易知录》记有关于大禹的史实："大会计，爵有德，封有功，更名茅山曰会稽，会稽者，会计也。"这也使得会稽山被大家戏称为"会计山"。

《越王勾践世家》记载，春秋时，吴王夫差率兵围攻越国首都会稽，越王勾践屈膝称臣求和，吴国罢兵。"会稽之耻"乃越国奇耻大辱。在这次战争中，吴王夫差带兵将越王勾践围困于会稽山地区。

面对即将灭国的困境，勾践急忙求助于忠臣范蠡，范蠡便提议，"大王想要守住这基业，只能祈求上天的保佑。顺利度过此次危机，大王就能得到众人的信任。微臣建议大王现在尚且忍耐一下并送一些重礼给他们，如果吴王不答应讲和，就只好把微臣作为人质抵押给吴国，亲自去侍候吴王"。勾践不舍，但也只得答应了。

于是勾践派大夫文种到吴国求和。文种见到吴王，一边磕头一边说："亡国之臣勾践派陪臣文种壮着胆子前来求和，勾践甘愿做您的奴仆，妻子甘愿做您的侍妾。"正当吴王准备应允的时候，大臣伍子胥向吴王觐见，说："现在越国主动给吴国如此大的好处，其中必定有诈，不要允许他。"这一步打破了文种的计划。

文种回越国，把事情经过报告给勾践。勾践见求和无果，便打算杀掉妻子儿女，然后与夫差拼死决战。文种阻止了勾践，提议："吴国的太宰伯痞为人好色贪财，可用珠宝和美人去收买他，私下派人前去贿赂一下。"于是文种就带着珠宝和美女秘密献给吴国的太宰伯痞。伯痞见此等好处，答允将大夫文种引荐给吴王。文种磕头说："希望大王赦免勾践的罪过，他会送来全部宝器。如果大王不赦免他，他就会杀了他的妻子儿女，烧光他的宝器，再率领他那五千人马与吴国决一死战，就算吴国战胜越国，必定也是损伤惨重啊。"伯嚭也在一旁劝说吴王："越王投降了，如果能赦免他，这对吴国十分有利啊。"

听了这番话，吴王态度有些许缓和，准备允许他。伍子胥劝谏说："如果现在不能彻底消灭越国，这将是一个巨大的祸患。勾践是个很有野心的君主，文种和范蠡是他的左膀右臂，如果让他们返回越国，这将来必然要作乱。"吴王没有听从伍子胥的意见，最终赦免了越王，撤兵回吴国了。

吴国虽然班师回朝了，但此役对越国是一个极大的打击，勾践带着妻子和大夫范蠡到吴国伺候吴王，终日放牛牧羊，忍辱偷生，才赢得了吴王的欢心和信任。

三年后，他们被释放回国。回国之后，勾践难以忘怀三年的耻辱。据《史记·越王勾践世家》记载：

吴既赦越，越王勾践反国，乃苦身焦思，置胆于坐，坐卧即仰胆，饮食亦尝胆也。曰："女（汝）忘会稽之耻耶？"身自耕作，夫人自织，食不加肉，衣不重彩，折节下贤人，厚遇宾客，赈贫吊死，与百姓同其劳。

　　一代帝王终日卧薪尝胆，委曲求全，最终成就了一番霸业。

　　我们现今能够享受到的，唯有山中无限美好的风景与浓厚的历史文化氛围。沿着翠竹相拥的小径，走近一泉清流相伴的兰亭，夏日的酷暑一消而散，王羲之"会于会稽山阴之兰亭"，酒杯与竹叶随着清流而下，流觞曲水，穿越千年。会稽之美，不忘历史，方得永恒。

蛟龙出府山

　　府山作为绍兴古城的守卫者，山峦起伏，南宋之前也被称作卧龙山。关于"府山"流传着许多神话故事，其中"卧龙山"的来历就广为流传。

相传，府山原是一片沙洲，人们定居在沙洲中过着平淡的生活，其中，有一对庞姓父子，父亲是一名教书先生，知识渊博，其子雄白在他的培养下能文能武。

这天，雄白如往常一样在池边练剑，突然池塘对面的竹林里传出了窃窃私语的声音，这可激起了雄白的好奇心。他悄悄走进竹林，藏了起来。只见两个老人一人身着赭色蟒袍，一人身着青色蟒袍，腾在烟雾之中交谈着。赭色蟒袍老人问："听说大王将满千年修为，不知要如何庆贺一番。"另一人答道："大王吩咐了，庆贺不急，报仇要紧。"雄白一下子蒙了："报仇？"他想要凑上前一点，听得真切些。这时天已大白，等雄白回过神来时，两位老人早已不见了踪影，只留下了池中两处粼粼水波。雄白扫兴而归，心中却留着疑惑。

第二天清晨，雄白瞒着父亲，带着宝剑，来到了池塘边。他自小生活在水边，水性极好，一个猛子扎进了水中。池底水草旺盛，雄白挥舞着宝剑，斩断阻拦的水草，最终他发现了一个黑黢黢的洞口。他壮着胆子进去，随着他的深入，洞口逐渐宽阔，还透出异于寻常的光来。过了一个拐角，雄白看见石桌上有一颗巨大通亮的珍珠，折射出耀眼的光芒，在桌子后面卧着一条蛟龙。雄白心想，这莫非是传说中的龙珠？此时后面传来窸窸窣窣的异响，雄白赶忙躲在了一处礁石后。

这时，一只老成的乌龟领着一群虾兵蟹将进来，说："大王，我们都已准备妥当，随时可以复仇。"蛟龙盘卧着，说："可恶的人类，尤其是那个大禹，压了我整整一千年啦，明天就是我报仇雪恨的日子。"原来千年前龙王在此兴风作浪，造成洪水泛滥，民不聊生，幸得大禹治水，打退了龙王，迫使其躲在此处千年未出。现在，大禹早已去世，而龙王也已恢复元气，他召集全部兵力，说："如今唯有彻底摧毁禹陵，才能解我心头之恨。"雄白躲在后面，怒火中烧，等到众虾兵蟹将退去，他找到时机，急忙退出洞口回到家中与父亲商议。父亲得知大事不妙，领着雄白将此事告知村民，这一传十、十传百，很快全村的人都知道了此事。

作为大禹的后人，村民们决定要与这孽龙做一番斗争，绝不服输。雄白更是气急了，决心夺取龙珠，除掉蛟龙。半夜，雄白潜入了池塘，乡亲们手持火把，在池边等待雄白。突然，池底传来巨大的响声，池水被搅得波涛汹涌，白光一闪，只见雄白骑坐在蛟龙身上，怀里是闪光的龙珠。雄白用尽全力将宝剑扎在了蛟龙的咽喉处，而龙珠不慎从怀中滑落，随着一阵火

光落在地上。雄白顾不上龙珠，握紧宝剑顺着蛟龙腹部一直割到了龙尾，最后他抽出宝剑，猛地一劈，砍掉了蛟龙的尾巴，蛟龙应声落地，没有了气息。

从那之后，卧龙山被几座山连接起来。传说，龙珠摔下来的地方叫"火珠山"，龙尾落下来的地方叫"龙尾山"，在卧龙山与龙尾山之间有一个鼓起的小山峰，传说是雄白牺牲后抱住了孽龙而形成的"抱龙山"。

蛟龙出于府山，美景亦汇于府山，成就了府山公园。如今越王宫殿雄伟依旧，经文种之墓恨英雄无奈，登飞翼之楼叹往事如梦，游樱花之林鉴中日友谊，纵横千年美景，会于府山，可感可叹。

"山不在高，有仙则灵；水不在深，有龙则灵。"府山公园穿越千年，在时代与环境的变革中，散发着它应有的深厚与沉稳气息。

飞来之塔山

　　自古以来，中国民间就流传着这样一句俗语——天王盖地虎，宝塔镇河妖。宝塔在古人眼中是制妖避祸的最佳法宝。塔山位于绍兴市区的南面，因山上一座应天塔而得名，是绍兴名胜古迹之一。它还有一个别名叫飞来山，有一个传说与此山息息相关。

相传，春秋战国时期越王勾践与大夫文种和范蠡如往常一样在宫中商讨国事。还未到夜晚，天空突然变得一片昏暗，殿外狂风大作，宫殿颤动不止，一直持续了许久。宫殿内也是一阵骚乱，大家议论纷纷，直至平静，宫人慌忙来报，说是有一座怪山飞过城门，现已落在了城南面。

《嘉泰会稽志》："在府东南二里，一名飞来，一名宝林，一名怪山。"《水经注》："县西门外有怪山，本琅部郡之东武县山也，飞来徙此。吴越春秋称怪山者，东武海中山也，一名自来山，百姓怪之，号曰怪山。"

在古代，人们相信一切怪相都代表着一定征兆，更有太卜一职，观国家之吉凶，帮助天子决定诸疑。太卜即刻觐见越王，报告此乃大凶之兆，这着实惊到了勾践，他忙与范蠡和文种大夫以及重臣们商量对策。当时，文种给出两点对策：一是立刻在此怪山上修建一座宝塔，来镇压此祸患；二是叮嘱大王日后不论遇到何事都要学会忍耐。勾践对此有些迟疑，但又无计可施，遂答允了，并将修建宝塔的任务交给了最为信任的范蠡，要求其缩短工期尽快建成以镇此怪相。

在范蠡的监工以及数千劳工的努力下，雄伟壮观的应天塔终建成于飞来山即塔山之上。宋朝诗人刘学箕登塔山，见此应天塔有感而发——

登应天塔

云级涌青冥，金螯载宝轮。

地高心自逸，天近足无尘。

图画千峰晚，楼台万井春。

13

三生许元度，曾此证前身。

根据史料记载，应天塔位于宝林寺内，宝林寺内存有做工极其精细的佛像和碑帖，始建于东晋，唐时才改名应天塔。

可惜在当时，应天塔终究没能守住勾践的江山，在吴国的进攻下，越国输得一败涂地，勾践也被俘至吴国做了人质；但被打败之后，勾践却学会了隐忍，他卧薪尝胆二十年，不忘国耻，并最终一举剿灭了吴国，成为春秋五霸之一。

塔山在绍兴众多的山峰中有着独特的魅力。夜晚，沿着塔山公园步道，便可直奔应天塔。与古时的静谧祥和不同，塔山开始展现她别样的生机，途中的一些空地成为居民锻炼的最佳场所。历史与现实在这里融合，和谐美好。

仙境诸葛山

　　在绍兴与上虞交界之地有一座山，名曰诸葛山。诸葛山高五百八十二米，比绍兴人熟知的香火圣地——香炉峰还要高出百来米，当地有谚语云"香炉峰虽高，不

及诸葛腰"。

关于诸葛山名字的由来，大致有两种说法。种是说在三国时期，诸葛亮之兄诸葛瑾一日游山至此，见漫山茶林，满眼蓊蓊郁郁，知道是好茶叶，便命人采茶制茶。另一种说法，据《康熙会稽县志》记载："在县东南六十里，以诸葛洪尝栖于此故名。"据说三国名士诸葛洪曾在此山闭关修炼丹药，时至今日山上仍有炼丹池的遗迹。

诸葛山处处风景秀美，山间某处有一瀑布"悬流百余丈，下射臼如雷"，名曰"诸葛瀑布"。从瀑布向上仰望，至山顶，有一名寺"锡飞寺"。

据《富盛镇志》载：锡飞寺坐落在诸葛山之巅，建于清同治年间。相传清朝锡飞将军驻足于此，后人建锡飞庵以志纪念。此外还有一种传说，说锡飞寺的建立与延安寺的兴盛衰败有着密切的关系。在绍兴市东南七十里的黄龙山上，有一座延安寺。据康熙《会稽县志》记载，寺始建于北宋建隆元年，系敕建，号护国保安院。宋神宗治平三年二月，改赐延安寺。旧有樵云楼，明僧怀襄题诗云："天锋结小楼，旭日隔林邱。拂槛石云重，卷帘花雨浮。鹤分双树荫，龙借半潭秋。忽动九江兴，寻诗来上头。"当时的延安寺香火兴盛，并有众多云游至此的文人墨客题词赠诗。

不过好景不长，至康熙年间，部分房屋坍塌，逐渐走向没落。寺中的九十九位和尚最后只剩下一位，名"锡飞"。锡飞独自上了诸葛山，在诸葛山顶修了一座破草房，他在这破草房里继续佛事，不问世事。常有山民到他的小草屋寻求佛的保佑，求一支签，点几炷香火。

后人为了纪念锡飞和尚，将他搭筑的草屋称作

锡飞庵。至清乾隆三十二年，锡飞庵扩建为锡飞寺，扩建时所立的石碑至今尚存。

如今的诸葛山，山高云绕，山顶烟岚升腾；山脚溪泉潺潺，流水清澈见底；山坡万竹竿竿，暗长青苔的石阶拾级而上没入云间。如此美景，成了不少游客流连忘返的胜地。

修道在梅山

　　在宁绍平原、绍兴城北外有一座风光
旖旎的小山——梅山。梅山海拔仅七八十
米，面积仅十七公顷，但它是绍兴北部平
原会稽山脉的一支支脉，浙东古运河从它

身边蜿蜒而过。

梅山得名于西汉末年著名隐士——梅福。据《汉书·梅福传》记载：梅福，字子真，九江寿春（今安徽寿县）人。梅福年少至长安求学，后为南昌县尉。梅福所处时代正是西汉与东汉交替的动荡期，朝廷高层夺权造势，手足残杀，矛盾激烈；汉成帝刘骜纵情声色，朝政腐败，大业荒废。江山一片荒唐，大权落入外戚王莽手中。

梅福虽为一介芝麻小官，但心中秉持"天下兴亡，匹夫有责"，"处江湖之远则忧其君"的士大夫精神担当，忧国忧民。他距朝廷千里，仍不忘提笔进谏"士者，国之重器，得士者重，失士者轻"，他以一县尉之微官身份上书朝廷，指陈政事，并讽刺王莽，但被朝廷斥为"边部小吏，妄议朝政"，险遭杀身之祸，因此梅福挂冠而去，隐居山林。

　　在梅福归隐期间的一年秋天，会稽境内以梁弄为中心，流行一种名叫"四日两头卖柴病"（医学上称疟疾伤寒）的疾病，该病肆虐，众多村民患病。得"卖柴病"的村民，轻者发寒发热，重者意识不清。一时间，大街小巷，村头庄尾，人人蒙难，惶惶而不可终日。

　　所幸云游浙东四明的梅福，正隐居于梁弄僻静之处。他搭筑石库，炼丹修道，因常常为附近山民治病，被不少山民熟知。于是当梁弄的西孙弄族长召集房头商议疟疾对策时，就有山民报告说"东山有位老者叫梅福，他能治这种病"。房头们即刻动身去梅福处求梅福相助。梅福向来关爱百姓，视民为本，于是将自己采摘配制的"甘草、乌梅、甜茶、槟榔"四味草药，用井水煎药，让房头们发放至每一个病患手中。

不出几日，痢疾被控制，不久就得以解除。这下子，梅福用"神水""神草"为百姓治病之事轰动了十里八乡，名声大振。尤其是梁弄一带的山民把梅福奉为"仙人"化身，那口"神水"仙井也被当地人称作"梅福井"。乡间俚人曾作诗赞之："弃家遁世作山人，东明山麓暂栖身。自搭草堂自掘井，修道炼丹自养真。"

面对如此颂赞，梅福不为所动，一笑便罢。他仍是每日漫山遍野寻找药材，炼丹修身。他整日将自己锁在小小草棚里，围着他的炼丹池乐此不疲。最终他是否成仙，无人知晓。梅福隐在山野，掌一盏青灯，袭一身青衣。人们称他走过的山为梅山，呼他挖过的泉为梅泉，为他在梅山之下长留十里荷塘十里修竹。

如今的梅山，林木蓊郁，亭台矗立，漫山苍翠欲滴，烟岚升腾如人间仙境。山脚的十里荷塘，荷花满池，芦苇丛生，偶有鸥鹭戏耍其中。初春，梅山上万梅竞相开放，幽香扑鼻，真是"闻道梅花坼晓风，雪堆遍满四山中。何方可化身千亿，一树梅前一放翁"。梅山画中有诗，诗中有画。

瑞草长戢山

在绍兴古城内有三座小山，戢山便是
其中之一。戢，即戢草，又叫岑草，可治
口臭之症。《吴越春秋·勾践入臣外传》
中云："越王从尝粪恶之后，遂病口臭，

范蠡乃令左右皆食岑草，以乱其气。"

春秋末年吴楚交战，越国乘虚而入，对吴国后方发起攻击，吴王阖闾被迫回国休整，为报复越国，又率大军对越国发起猛攻，可惜阖闾过于自负，阴沟里翻船，被越国击败，并且付出了生命的代价，由此太子夫差也与勾践结下血仇。三年孝期过后，夫差亲自出征，大败越国，暗藏心机的吴王要求越王携夫人一起到吴国为奴，为阖闾守墓。

为奴三年之后，吴王有意释放勾践。勾践的死对头伍子胥得知后，心急如焚，极力阻挠。夫差看伍子胥须发苍然、语气恳切，不由得心下不忍，顿时想起当初伍子胥一力助自己上位的功绩，于是起意杀死勾践，以绝后患。于是夫差派人去传召勾践。伯嚭很快得到线报，抢先派人去石室通报勾践。得知此事后的勾践心灰意冷，如坠冰窖。所幸他身边

仍有一名志士——范蠡。范蠡劝诫勾践莫要惊慌失措、杞人忧天, "大王无须惊惧。吴王囚禁大王已经快三年了。难道他三年都能容得下您, 却不能忍您这一日? 所以, 我觉得不用担忧"。

不日, 夫差患上风寒, 一病不起。于是范蠡占卜以辨吉凶, 他看着卦象, 一字一句地告诉勾践: "从卦象上来看, 吴王是不会死的。到了己巳日病情会减弱, 到了壬申日就会痊愈。我想恳请大王向吴王请求去探望病情, 再请求尝一尝吴王的大便, 告诉他病愈之日。等到日期一到, 吴王的病好了, 他一定会被你深深感动, 那时大王就有望被赦免了。"

勾践听此, 不但没有怒火冲天, 反而热泪长流, 最终同意此事。其实范蠡早已料到, 因为通过三年的贴身观察, 他认定勾践确实在坚忍方面异于常人, 而"尝粪"一举必会令吴王夫差感动。事实证明,吴王果然因此举感动，最终释放了勾践。

勾践回到越国之后，将这三年的屈辱化为动力，他下令鼓励生产，奖励繁衍，颁布法令照顾年幼及病患，同时他礼贤下士、招揽人才，越国的经济很快得以发展。国力有好转之后，越王养精蓄锐重振军队并且与邻国展开友好外交。随后他率领三千精兵攻入吴国，杀了吴国的太子，生擒了夫差。正如蒲松龄的对联所言："有志者，事竟成，破釜沉舟，百二秦关终属楚。苦心人，天不负，卧薪尝胆，三千越甲可吞吴。"

但是勾践因"尝粪"一举患上口恶之疾，于是范蠡便以戢草入药，为勾践治好了此病，而戢山也正因多戢草而得名。

戢草丛<u>丛</u>，清风阵阵，如今的戢山一带发展迅速，戢山也成为远眺绍兴古城的观景胜地。

康王妃子岭

　　妃子岭位于绍兴市越城区，处在兰亭紫洪山及秦望山之间。此地钟灵毓秀，风景清新，走着走着便可见潺潺溪水、错落有致的古宅民居，还有淳朴厚道的乡民。

这座山岭本名为紫筜岭，为筜溪的发源地，它的改名缘于一位君王与民间女子的动人故事。

传说北宋末年，位于江南一隅的筜溪住着一户周姓人家，他们的生活十分贫苦，周家有一双孝顺懂事的儿女，虽然母亲早亡，但他们都很小就承担起家务，尽力减轻父亲的负担，村里人也都十分喜欢周家的这两个孩子。哥哥随父亲去卖笋时，常会因为天色已晚而寄住在斗门的一户陈姓人家家中，那家的姑娘对哥哥很有好感，她看上了老实能干的哥哥，愿意随着小伙子嫁到周家去。

就这样，周家由三口之家变成了四口之家，日子轻松了不少。

直到有一天，父亲和哥哥出门做生意，与往常不同的是，这一去竟是两年未归。家中仅剩柔弱的两女子，生活更加艰难，然而姑嫂二人始终相信父

亲和哥哥总有一天会回来的。她们来到紫筹岭开荒植桑，养蚕缲丝，村民们唤周家姑娘为蚕娘，嫂嫂为缲丝女。

一日，姑嫂二人遥遥听见一阵粗野的嘶喊声以及兵器的撞击声，转头看见一个衣衫凌乱、神色慌张的年轻人跑上岭来，他见到姑嫂二人时大呼："求求你们，救救我，救救我吧！"二人随即意识到事情的严重性，蚕娘推着年轻人让嫂嫂带他先下岭躲避，自己则留在山上为他们引开追兵。

一众追兵不一会儿便追踪而至，来到了蚕娘身边，他们问是否看见一个奇怪的年轻人，蚕娘面色如常，指向了往南的王岘岭。只是不久后，追兵似是察觉到了什么，折回逮住蚕娘，用大刀指着她逼问。蚕娘誓死不说，最终死在了金兵的刀下。追兵不愿就此善罢甘休，一气之下烧毁了蚕房和缲丝房。

嫂子将年轻人送走后，赶回来寻找小姑，却发现小姑已经倒在了一片血泊之中，嫂子心中似有一根铁弦有力地绷断了，她又看了看一片狼藉的缫丝房，选择了自缢身亡。

那个逃走的年轻人并没有就此离开。他再回来时，锦服在身，身侧还有许多戴着官帽的官员，尽显雍容华贵。这时村民们才知道那个被追杀的年轻人正是康王——那个逃到临安后又建立了南宋王朝的皇帝。

康王始终没有忘记那两个女子，他依着记忆寻找到了这里。只是没料到她们已不在人世，在姑嫂坟前，康王失声痛哭。回朝后，便下圣旨，封周家蚕娘为妃子，封嫂嫂陈周氏为陈周娘娘，并在紫筼岭上设妃子庙与牌坊，永世感激二人。

因此，人们将紫筼岭改称为妃子岭，纪念善良

又勇敢的姑嫂二人。

　　如今，每年的农历六月初六，妃子岭上的妃子庙都会举行祭祀大典，人来人往，香火不断。

爱满东白山

　　东白山属于太白山的一部分，在东晋时期，葛洪《抱朴子内篇》卷四《金丹》篇就记载东白山已经被列为全国名山之一，不少名人在此修道，这里成为道家的

重要求仙之所。

关于东白山的传说故事不在少数，其中，关于七仙女的故事广为流传，而这也成就了东白山成为著名的爱情圣地。每年七夕庙会，成千上万善男信女为了纪念牛郎织女坚贞不渝的爱情，在农历七月七上山朝拜，乞求爱情幸福、婚姻美满。

作为一座爱情名山，七仙女的故事源远流长。相传，天宫上住着七位美丽动人的仙女，玉帝对她们管教严格，平日里她们作为织女承担着纺织云锦的重任，自然是不允许随意下凡的。但在天宫中，七仙女总会时不时地听到东白山的故事，这引起了姑娘们对凡间的好奇，年轻气盛的姑娘们好奇心与日俱增。

这天，最为年幼调皮的女儿七妹趁着姐姐们织云锦的空隙，悄悄地拨开云彩向东白山望去，只见地上一片青山绿水、生机勃勃的景象，四处鸟语花香，与天庭是完全不同的景象，七妹心里实在是痒痒的，连忙叫来其余六个姐姐，这下可好，七仙女彻底动了下凡的念头。趁着玉帝处理政事，七仙女相约下凡降临在东白山山巅。

在太白峰旁有一仙女湖，七仙女见此清泉，便在这里沐浴，《玉溪朱氏宗谱》载："东白山乃永宁名山也。七夕时，仙姑尝沐首于其巅。其巅有二坛焉。怪石百千，星罗棋布，或仿佛狮象，或逼肖神人，遥望而风生两腋，从游者皆瞠乎其后矣。怠至弃杖匡坐，徘徊良久，既凝聚石谈经之处，翻讶叱羊成石之场。稍上仙女洗头盘，鼎足而立。"七仙女们在山中游历，东白山的各处都留下了她们的脚印。

在这里，懵懂的七妹遇上了自己的爱情，她与牛郎一见钟情，流连忘返。最终七妹选择留在了凡间，勇敢地追逐自己的爱情。她与丈夫相敬如宾，对公婆贤良孝敬，在诸暨一带传为佳话。可惜他们的爱情很快被天帝发现，天帝暴怒地将织女捉回去，在天空中撒下一道银河阻止他们，只准许他们在每年七夕之时相见。每年七夕，银河上会架起一座鹊桥，牛郎与织女珍惜每一年相见的机会，依旧恩爱如初。多少年来善男信女们渴望爱情，追随牛郎织女的脚步，在七夕东白山上祈求爱情。

长夜未央，山风呼啸，带着七仙女的传说以及牛郎织女的爱情力量，世间男女践行着对真爱的守护。"纤云弄巧，飞星传恨，银汉迢迢暗度。"七夕巧云，撒下爱的祝福，在东白山，我们遇见爱情。

激战胜斗岩

斗岩是诸暨五泄山中最为出名的部分，当地百姓称为"陡岩"，"陡"与"斗"在当地读音相近。斗岩是丹霞地貌的山景，具有峰、岩、石、洞、泉等各色风景，

现今作为我国著名的景区，其奇异美景深受大家的喜爱。一句话很好地概括了它的特色——"赏美景览山水风光，礼古寺观千佛风采"。

正如其名字一样——"斗"，传说朱元璋曾在此与张士诚作战，"斗"在这里是打仗的意思，新洲之战在历史上颇具影响。斗岩，在诸暨的南侧，山势陡峭，易守难攻，有水源，是一个绝佳的战斗场所。

在明代，朱元璋在鄱阳湖消灭了陈友谅的残余势力，此时的他已经成为南方一带的霸主，准备西进湖广。而就在这时，张士诚趁其主力西进之时，派出大部分军力，以突破朱元璋统治的诸暨市，又再派十万城北驻兵，以此来阻断援兵的到来。对于此战，张士诚是志在必得。

朱元璋手下有一名大将叫朱亮祖，他是诸暨同山吉水坑人，十分熟悉当地的地形，此地易守难攻，是兵家争斗的绝佳场所。有了这样一个参谋，朱元璋的兵力"大涨"。于是，朱元璋将重任交给了朱亮祖，派遣一众精兵埋伏屯兵于吉水坑。

当时，正值寒冬，江南的寒冷是那种深入骨髓的冷，士兵们不适应这样的气候，瑟瑟发抖。村民们见士兵们如此辛苦，就待他们如自家人，热情地拿出自家酿的烧酒来招待士兵，帮他们驱寒。这烧酒绵密醇厚，不烧心，口感极佳，很快士兵们的身体就热了起来，精神一下子就打起来了，激起了士兵们的斗志。为了后面作战能够打起精神，村民们还把士兵的水壶都装满了烧酒，水壶容易漏，为了不浪费这口美味，士兵们匆匆摘下身边的高粱叶子，一把塞进了自己的水壶中，堵住壶口。在那之后，在长达几天的作战中朱元璋的军队以极大的优势战胜张士诚的军队，最终确立并巩固了朱元璋在江南

的地方势力。

在新洲之战大获全胜之后，朱元璋与众士兵庆功，将士们拿出吉水坑村民们赠予的酒，倒出烧酒，竟发现这烧酒的颜色呈现透明的琥珀色，喝上一小口，味道也变得更加醇厚香甜。将士们都笑着说："这酒呀，是我们的必胜酒，是吉祥酒呀！"后来这酒也被传承了下来，酒香萦绕在这个小村庄，被村民命名为"同山烧"。

这斗岩下的激战，随着历史已逐渐褪去颜色，可这如红玉般的酒，却在时间的沉淀下变得越发醇厚。

谜语汤江岩

　　汤江岩隶属于诸暨五泄山区，是五泄山的著名景点。汤江岩因附近村落世居汤姓而得名，汤江岩的岩壁景色各异，让人不得不感叹大自然的鬼斧神工。汤江岩山下有一庙宇，名曰胡公庙，庙内有一泉水，水质甘甜，名玉带泉。今天我们的故事就从这一泉眼展开。

这一眼玉带泉，有一个极为奇妙的地方，即外面即使大旱，这泉水还是会涌出涓涓细流，虽水量不多，一天只能挑数担，但这水质极佳，是酿酒的极佳原料。

小海那时还是一个孩童，每年坐在外公的小车上，摇摇晃晃和他的外公来挑几桶泉水酿高粱酒。胡公庙的住持是一个只有一条胳膊名叫慧能的和尚，还有一个扫地僧一个烧火僧，慧能和尚守护着这一汪泉水，在泉边打坐。外公主动和慧能聊天，谈论自己新学的酿酒方法，慧能却不语只伸出了三根手指，外公似懂非懂地点点头。

夕阳落下，余晖照在慧能和尚的身上，散发着金色的光芒，看上去就像个神仙。小海羡慕极了，说道："外公，我以后也要做一个神仙。"外公笑了笑，摸摸小海的小脑瓜。"慧能和尚从哪里来呀？"小海问。外公说："他从东北来到这里避难，他砍死了七个日本兵，却也丢了一条胳膊。"小海又问："外公为什么要用这玉带泉的水酿酒呀？"外公说："这玉带泉的水呀，从岩石里淌出来，有草木的灵气，酿酒最好不过了。"小海又问："那为什么不多打一点？"外公笑着说："天下是天下人的天下。"小海摸摸脑袋，这一句谜语始终留在小海的脑子里。

　　长大后，小海也和外公一样每年会去玉带泉打三桶水。有时慧能和尚会从地上捡一颗小石子，脱手飞出，随后就会有一只小老鼠或是小虫子出现在地上。小海恳求慧能收他为徒，之后小海每上山一回，本事就会多涨一分，不仅是酿酒、武功，还学会了书画。可就是这样，外公的谜语他始终没有明白。

后来，日军入侵，搜罗人民的各样好物，他们听说小海家酒坊的美酒七里醉远近闻名，便想将酒供给前线的日军。镇上的酒坊在日军来的时候大多已关店歇业。小海那天正要歇业，不想被日军一个小队长川田撞见，一把将小海家的牌坊劈成两半，要求小海将七里醉交出来。小海摇摇头说："至少还要等上三个月。"川田亮出他的尖刀，说："听说离这里不远处有一眼酿酒清泉，是不是？"

小海无奈，带着川田一行人到了玉带泉，这时慧能和尚还坐在玉带泉边打坐，嘴里念念有词。慧能睁眼说道："当今世道如此污浊，哪还有清泉可寻？"川田听了一下子急眼了，又亮出了他的尖刀，慧能拾起一颗石子，一下子射在马脚上，马受惊向外面狂奔，川田从马背上摔了下来，重重地撞在岩壁上，血肉模糊。六神无主的其他日本兵落荒而逃，最后被小海制伏。

过了几天，镇上出现好多报纸，上面印着慧能和尚的肖像，写着他在东北杀死了七个日本兵，现在投靠了新四军，最后赫然印着这样一句话："天下是天下人的天下。"小海现在终于明白了爷爷的谜语。

硕大的岩壁下，遮盖着无数的秘密。岁月悠悠，谜语终会浮现于世。

起航杭坞山

　　杭坞山，又名柯坞山、坑坞山、可恶山，位于诸暨北部店口、次坞、直埠三镇交界处，是诸暨名山之一。《越绝书》记载："杭坞者，勾践航也。"在古时，船坞多为木质结构，所以将"杭"称作"航"也不足为奇，而杭坞山也成为古越兴衰的伟大见证。《越绝书记地传》记载"越人以船为车，以辑为马"，杭坞山为兵家必争之地。

杭坞山曾临江濒海，古时是汪洋之水，钱塘江水经航坞山、赭山之间入海，因此也被称为"海门"。作为江南水乡，古越之地的战事也常与水沾边，而在杭坞山的夫椒之战，更是吴越两国之间百年斗争的关键战役。就在杭坞山下，越王勾践操练了自己的一支水师，作战勇敢。

相传，吴王阖闾在与越国的樵李之战中，重伤而死，其子夫差继位。自那之后，夫差时刻谨记着为父报仇的信念，而相国伍子胥也是义愤填膺，他日日站在朝堂之上，每逢夫差出入，他就语重心长地对夫差说："大王，您是忘记越王杀害您父亲的仇恨了吗？"夫差回答说："我怎么敢忘记这样的仇恨呢！"于是他日夜练兵，随时准备进攻越国以报杀父之仇。

此时，越王勾践听探子来报，夫差日夜操练兵马，随时准备发动进攻。越王性格急躁，随即决定要先发制人，立马整理军队抢先讨伐吴国。大夫范蠡急忙觐见劝诫："大王万万不可急躁啊，凡事要三思而后行。"勾践摆摆手，示意他退下，说："我心意已决，必要抢占先机方可大胜。"

当下勾践便来到了杭坞山脚下，作为越国故都的坞中，杭坞山为屏障，浦阳江、白湖塔水域为造战船练水师之所，在这里越王勾践拥有自己的水师。第二天，越王的军队携水陆两军在杭坞山下集结，三百余条战船和水兵都由此出航参战，顺流而上。夫差随即发动全部兵力应战，双方在夫椒展开激战。

越王的军队没有经过精细的准备，节节败退。

夫差于是乘胜追击，直捣会稽山，夫差派兵包围了越都，勾践独留残兵千人退守在会稽山下。大势已去，大夫范蠡提议越王向吴王求和，向吴国投降。勾践不得已，派遣大臣文种携珠宝美人前去求和。在吴王宫殿上，夫差听了文种的话，刚想答应，伍子胥站出来觐见："大王万万不可，千万别中了越王的诡计。"于是，夫差拒绝了。最后，文种转战贿赂太宰伯嚭，在太宰伯嚭劝诫之下吴王决定退兵。在那之后便也有了勾践卧薪尝胆的历史故事。

今天的杭坞山，群山连绵，风景优美，已成了人们休闲的绝佳去处。

倩影老鹰山

　　江南好山好水，诸暨就是个山水养人的地方，老鹰山位于诸暨市中心，山下是滔滔的浦阳江水，山顶可以看到整个市区群楼林立。这样一座宜人的小山，在夕阳

映照下一片祥和，山脚下也藏着西施的动人传说。

相传，在诸暨老鹰山山脚下一个长弄堂里，有一口常年不枯的清泉古井。有一天，西施从家中出发，准备走到长弄堂帮父亲收取卖柴的钱。时年，西施约十四岁的芳龄，出落得亭亭玉立，已是远近闻名的美人。到了长弄堂，人们没有一个不称赞西施美貌的，说："这苎萝村出来的姑娘真漂亮，世间少见啊。听说江东鸬鹚湾村有个郑旦姑娘，也是貌美绝伦，不知二人比美，孰高孰低？"郑旦也是一个远近闻名的美人，年龄比西施长一岁，父母都是平常百姓捕鱼养蚕，人们将她与西施比为"浣纱双姝"。

西施来的这天，郑旦就在长弄堂的亲戚家中，听见有人在谈论两人，便跑过去找到西施，邀请西施到井旁歇息谈天。两人坐在井边，西施探井相望，郑旦挽着西施的手，也往井中探去，两人的倩影就显现在小小的一方井水之中，如花似玉，仪态万千，展现出这个年纪所没有的气质，荣光秀妍。

　　郑旦瞧着两人的身影，仔细比较自己的容貌，与西施妹妹相比确实是自愧不如，轻叹一声。西施这才得知郑旦拉她来井边的用意，原来是要来比美的。这时，二人又仔细一看，平日黑黢黢的井口，竟比平日亮堂不少，两人的倩影如明珠一般照亮了井底。过了一会儿，有村人前来打水，两人这才避让，各自回到了家中。奇怪的是，村人在打水时突然惊觉，这井中还留着两人刚刚所照的倩影，他急忙喊来村人："大家快来看呐。"男女老少闻讯赶来打算看看这两个美人的倩影，但影子慢慢地从井中消失了。人们都认为这是祥瑞的征兆，于是打算好好地守护这一吉兆，便干脆将一口井打成了四眼井，四眼井也就这样慢慢地流传下来了。

在那之后，听住井边的老人家描述，适逢晴好天气，旭日初升，阳光尽洒井台，井底偶尔也能见着西施与郑旦忽隐忽现的影子。这井中倩影的传说，也成了见证西施美貌的一大象征，所以现在西施故里的人们也如法炮制了一个四眼井，西施与郑旦比美的一段佳话在越国故地一直流传开来。

江南小城从不缺水，散落着大大小小、形态各异的水井。老鹰山下的这一口井，承载着西施倩影，滋养着一代代故乡人。

乡情勾嵊山

　　勾嵊山是会稽山系的一部分，作为一座历史名山，古代有两位君王在此建都，使其成为一座名副其实的"王者之山"，见证了古越国由弱变强的过程，而其中自

然蕴藏着许多故事。

　　春秋战国时期，越王勾践经历了卧薪尝胆的隐忍之后，带领军队长驱直入，直捣吴国。范蠡想起在吴国当奴隶的日子，想起被迫献出的美人西施，国仇家恨一起涌上心头，大举进攻，最终夫差见大势已去，拔剑自杀而亡。

　　吴国灭亡，接回西施的范蠡感慨良多。多年的屈辱使范蠡不忍再失去恋人，也受够了这种寄人篱下的生活，于是决定隐姓埋名，远走他乡，过"采菊东篱下，悠然见南山"的生活。

　　范蠡初到越国时，深受水土不服的困扰，是勾嵊山脚下热情的乡民悉心照顾，才使他渐渐好转，越国人的纯朴成了范蠡放不下的眷恋。沿着曲折的山路，二人来到了勾嵊山。

　　刚到山脚下的村口，小黄狗热烈地吠着，紧接着一位老太太从屋里走出来，范蠡立马迎上去亲切地喊了一声："大娘。"老太太愣了一下，仔细一看说："是范大夫回来了呀。"西施跟在范蠡身后，这样的美人怎能不引人注意。"西施娘娘也来，快请进。"大娘唤来孙子，山村里很快就传开了消息，人们都聚到大娘的院子里，小小的院子一下子热闹起来，范蠡、西施和村民们围坐在一起，嘘寒问暖。小山村来了稀客，气氛像过年过节似的。时间已是正午，山村里没有王宫里的珍馐美味，村民们拿出了自家最拿手的菜肴，争着抢着邀请范蠡和西施去自家做客，这可为难了他俩。

　　这时，村里最年长的老人发话了："大家别争了，我们大家把桌子拼起来，各家再拿出最拿手的菜，让两位贵人尝尝我们山村的美味，吃个团圆饭吧，人多热闹。"村民们马上行动起来，大娘的院子里一下子就拼好了一个大桌，孩子、年轻人和老人纷纷捧来家中最美味的菜肴摆在桌子上，腌菜炒地滑塔、咸肉蒸豆节干、荠菜炒竹笋、野蘑菇炖鸡等，这些都是勾嵊山的美味，不多不少刚好十八碗。大家围坐在一起，喝酒畅聊。面对熟悉的味道，范蠡胃口大开，他举起酒杯感慨道："祝各位乡亲身体健康日日平安，在下就在此与各位道别了。"乡亲们回敬道："祝范大夫一帆风顺。"在一片碰杯声中，范蠡与西施喝下了一杯又一杯满含乡情的勾嵊米酒。两人在勾嵊山小住几日后，便乘船顺江而下，之后再也没有回过勾嵊山，没有回过越国。

如今，每逢佳节或贵客上门，勾嵊山的村民就会做几道其中的菜肴，数量可能不到十八碗，但约定俗成地统称为"勾嵊十八碗"，风味依旧，并成为习俗代代相传。

　　勾嵊山下的这个小山村，虽不是范蠡的故乡却更甚故乡，"剪不断，理还乱，是离愁，别是一般滋味在心头。"对范蠡来说，这份乡情是他永远难以忘却的。

穿岩十九峰

　　穿岩十九峰，位于新昌城关西南镜岭
镇境内，有十九峰，峰峰相连。山上林木
青翠，山下溪涧碧澄见底。穿岩石洞高挂
岩壁间，隔岸远观，如有圭上圆孔。因中

峰上有圆窍,东西相通,故名穿岩十九峰。

十九座惟妙惟肖的山峰依次为香炉峰、缆船峰、马鞍峰、新妇峰、棋盘峰、卓剑峰、覆钟峰、望海峰、笔架峰、阳岫峰、泗洲峰、磐峰、蒸饼峰、鎝头峰、文殊峰、普贤峰、摆旗峰、狮子峰和鹅鼻峰等。关于山峰峰名的缘起有这样一个神话故事。

相传大禹治水一路到了镜岭,当时的镜岭仍是一片汪洋,没有落脚之地,于是大禹在一座山峰上凿刻出一个大洞,系住了自己的大船。这就是揽船峰。自从大禹治水之后,镜岭一带水患杜绝,百姓安居乐业,可好景不长,镜岭又出现了一大恶患:大蟒蛇。蟒蛇常常侵扰当地百姓,百姓苦不堪言,生活在恐惧之中。

这时,从县城郊嫁到镜岭的一个新媳妇(新妇峰)得知此事,便设法与大蟒蛇相斗。新媳妇每天都会做一些蒸饼（蒸饼峰），点着香烛（香炉峰）赶到大佛寺供奉祭拜，祈求文殊、普贤（文殊峰、普贤峰）两位菩萨降临镜岭，指挥摇旗压阵（棋盘峰），铲除大蟒蛇，为民除害。

新媳妇的虔诚最终感动了菩萨，文殊、普贤菩萨骑着白象、狮子（狮子峰），带领着头戴幞头（幞头峰）的神将前往镜岭，摆旗（摆旗峰）、擂鼓、敲钟（覆钟峰）、打磬（磬峰），请泗洲菩萨（泗洲峰）协助，用长缨缚住大蟒蛇，欲将其凌迟处死，以祭"三才"即天、地、人。

此时，大蟒蛇吓得浑身发抖，哪还有之前为非作歹的威风，它哀求菩萨饶命。于是，菩萨发了慈悲，命大蟒蛇化作一把利剑（卓剑峰），改恶从善，学得斯文一些（笔架峰），长期矗立守卫山巅，维护安宁，该山峰是十九峰中的一座小山峰。同时又命神将骑着良马从肠岫（肠岫峰）出发，前往黄岩购米运粮，接济镜岭一带百姓，故有"黄岩熟，新昌足"的说法。可是时间一长，黄岩至新昌一带的路上出现歹徒拦路抢劫粮食。神将与歹徒展开斗争，歹徒被神将征服。因为歹徒好吃懒做，神将惩罚它永远饥饿（鹅鼻峰）。在打斗中神将的良马也被歹徒刺伤，马鞍移了位（马鞍峰），马鞍下面出现了空隙，就是现在的"穿岩洞"，在洞口可以望海（望海峰）。

"穿岩之峰高苍苍，峰峦十九摩天光"，一脉秀峰形态各异，栩栩如生。当你登上十九峰山顶时，你会发现穿岩十九峰这片以山峰、幽谷和绿洲组成的风水宝地，完全是在两江的呵护和润泽之下形成的。登山穿岩是一项非常有趣的旅游活动，尤其在春日，从山顶往下看，远山近水、黄花绿叶更是美不胜收。站在峰顶，心旷神怡，山水美景一览无余。

梦游天姥山

　　天姥山位于新昌县和天台县的交界
处，它以佛教文化、唐诗文化、茶道文化
和山水文化为内涵，以石窟造像、丹霞地
貌、火山岩石地貌为特色，融人文景观于

自然山水为一体。

唐玄宗天宝三年（744年），李太白在长安受到权贵的排挤，被放逐出京。第二年，他由东鲁南游越州，写下一首描绘梦中游历天姥山的诗《梦游天姥山别鲁东诸公》。此诗云"天姥连天向天横，势拔五岳掩赤城。天台四万八千丈，对此欲倒东南倾"，将天姥山的气势描绘得淋漓尽致。

天姥山原是一片杳杳茫茫的荒山野岭，遍地杂草丛生。唐高宗的一个监察御史，听闻这里风景优美，是僧家修行的圣地，便荐了三个和尚到这里定居。年岁最大的是当家和尚，年富力强的是看山和尚，年龄最小的是撞钟和尚。这个撞钟和尚，是一个刚出家的后生小子，白天贪玩，夜里贪睡，撞钟常常误了时辰，遭到当家和尚的斥责和毒打。

一天夜里，撞钟和尚刚刚眯上眼睛，就见到一位面容清丽的少妇翩翩而来，亲昵地称呼："小师父！我是天姥娘娘，愿助你一臂之力。从今天起，头鸡啼时我就在香柏山巅唱歌，你听到歌声，就赶快起来敲钟，再不要受皮肉之苦了。"说完悄然消失。小师父睁开蒙眬的睡眼，房间内一片漆黑，一无所见。他心里好生奇怪，就索性起身打坐，两手合掌眼迷离，口念"南无阿弥陀佛"，等待天明。不过两个时辰的光景，寺院对面的香柏山顶果然传来了悠扬动听的歌声。小师父平生第一次按时起床撞钟，得到老师父的赞扬。

由于有天姥娘娘的帮助，撞钟小师父再也没有玩忽职守。这突如其来的转变引起了看山和尚的狐疑。撞钟和尚就坦率地把梦中见到天姥娘娘的事，绘声绘色地讲述了一遍。看山和尚听得出了神，不禁脱口赞扬："天姥娘娘真是一个善良的人！想我们寺院里的稻田年年受旱，岁岁歉收。我等如今去恳求天姥娘娘赐福降雨，兴许能解燃眉之急。"

当天午夜后，师兄弟俩就往香柏山峰攀登。快到山顶时，清脆悦耳的歌声又唱起来了。他们好不容易找到了唱歌的地点，发现四周空荡荡的，再仔细寻觅，在右边不远处，屹立着一株约三尺高的石笋。后来又发现歌声正是从石笋的梢尖里传出来的。于是两个和尚急忙同时跪在石笋面前祈祷："天姥娘娘大慈悲，救苦救难为黎民。禾苗缺水难成活，求你送潭清凉泉！"

同样的话念了三遍，只见天空中有几片白云，慢悠悠地飘向西北角，跌落在大推枝山峰的左侧，淙淙的山泉水就从那里流了下来，灌溉了寺院里的数十亩稻田。这一年，百里方圆的田稻都受旱歉收，唯有香柏寺的稻田还比正常年景多收了两成。乐得寺院里三个和尚逢人就讴歌天姥娘娘的功德无量，并向四邻的善男信女化缘，筹集资金，扩建香柏寺，落成后改名天姥寺。周围所有的大小山峰，统统称为天姥山。

几年之后，前往娘娘庙进香的人愈来愈多。其他的各路神灵都被丢在脑后。这首先激起了土地公公的嫉恨。他罗织罪名向玉皇大帝奏了一本，控告天姥娘娘违犯天规，私通黎民，罪恶昭彰。玉皇大帝看了奏折，怒发冲冠，命雷公电母骑着天马下凡查看，金鸡窝被天马踏碎，破成三块；一个震天霹雳，毁掉了娘娘庙；一道电光，将天姥娘娘带回天宫发落。

早在唐以前，天姥山就已经是中国文人向往的文化名山了；李白、杜甫等唐代诗人追慕前贤足迹，寻访天姥山并留下了《梦游天姥山别鲁东诸公》等千古绝唱，将天姥山推到了一个崇高的理想境界，天姥山遂成为诗人追求精神自由的乐园。

剡县天台山

天台山因"山有八重，四面如一，顶
对三辰，当牛女之分，上应台宿"而得
名。地处宁波、绍兴、金华、温州四市的
交界地带，素以"佛宗道源、山水神秀"

享誉。天台山的自然景观得天独厚，有画不尽的奇石、幽洞、飞瀑、清泉，说不完的古木、名花、珍禽、异兽，正所谓"天台山者，盖山岳之神秀者也……夫其峻极之状，嘉祥之美，穷山海之瑰富，尽人神之壮丽矣"。

关于天台山，有这样一段神仙凡人相恋的故事。

相传在汉明帝永平五年，剡县有采药人刘晨、阮肇，结伴到天台山采谷皮，天台山乃奇山秀石之巅，怪石嶙峋，道路崎岖坎坷。两人光顾着低头采药，不觉天色已晚。等两人觉得饥饿，想要回家时，已踏入丛林深处，在山中迷路了，他俩辗转了十三天，干粮被吃完，忍饥挨饿几乎死亡。这时，他们看到远处山上有一片桃林，枝繁叶茂，果实累累。然而桃林被绝岩深涧阻隔，无路可登。两人攀援藤蔓，费尽周折爬上去，摘桃充饥后，方才恢复元气。

　　有一日，两人听见潺潺的溪水声，便顺着声音来到溪边。两人在溪边洗漱，先看见有新鲜的芜菁叶从山中流出，后又见一个杯子流出，盛着芝麻饭，高兴地想："应该离人居住的地方不远了。"于是，逆流而上，过了一座山，看见一条大溪。溪边有两个绝色女子，仿佛认识刘、阮二人一样，盛情邀请他们回家。

　　她们的家异常华丽，家中还有数个婢女，为刘、阮二人送上饭食，又来了一位穿着九色裙子的女子，吹、拉、弹、唱，舞姿翩翩。不久二人与两位仙女成亲结为夫妇。在山中住了两年，刘、阮二人思乡情切，坚持下山回家。

　　在仙女的指点下，两人出山，却发现山外早已换了人间，亲人故旧难以寻找，家园屋舍不见踪影。四处打听，竟然找到了自己的七世孙。他们说先祖上天台山采药，迷失在山中，不知所终。晋太元八年，刘晨、阮肇返回天台山，四处寻觅，已不见先前去处，也不见仙妻踪影。两人站在桃林之中，徘徊依恋，怅然若失，无法离去。

这个爱情故事，听来似乎充满怪异色彩，但洋溢着浓浓的人情味。这给天台山增添了一抹温情。白居易有诗云："百岁几回同酩酊，一年今日最芳菲。愿将花赠天台女，留取刘郎到夜归。"以此赞美天台桃源仙女与刘、阮缔结良缘。

天台山美丽的山峦云海、神奇的天台佛光，可谓一绝。登山观赏，不失为人生一大幸事。

支遁沃洲山

"我闻沃洲山,渺绝如仙洲。仙洲不可到,梦想空自道。"沃洲山自古便受到众多文人骚客的喜爱。据唐代白居易《沃洲山禅院记》载:"沃洲山在剡县南三十里……西北有支遁岭，而养马坡、放鹤峰次焉。"沃洲山北通四明山，下统大溪，被誉为道家的第十二福地。

支遁是晋朝名僧，号道林。他出身于一个佛教徒家庭，年幼时即流寓江南。二十五岁时，支遁出家。魏晋时代，老庄的玄学极为盛行，有些佛教僧侣也加入了清淡的行列，佛经也成为名仕们的清淡之资，而支遁是这种风气的典型代表人物。

后支遁到剡地经过会稽郡时，曾与王羲之会面。王羲之当时在会稽做内史，早就听闻支遁的名声，但他并不相信，认为这不过是人们的传言，不足为信。于是王羲之便到支遁那儿去，想探探虚实。见面后，王羲之对支遁说："你注释的《庄子·逍遥篇》可以看看吗？"支遁拿出他的注文，只见洋洋洒洒千言，才思文藻新奇，惊世骇俗。王羲之依依，不忍离去，并邀请支遁住到离他不远的灵嘉寺，以便随时往来。

在此期间，支遁慕此地山水，曾寄书信给竺道潜，"求买沃洲山小岭欲为幽栖之处"，竺道潜回答得妙："欲来当给，岂闻巢由买山而隐？"就给支遁在沃洲山小岭旁建立了小岭寺，一名沃洲精舍。在此跟从问学的僧人有百余人之多，有些弟子在学习上有些懒散，支遁便著《座右铭》来勉励他们。后来这里竟成了当时十八高僧与十八名士经常聚首谈玄的文化中心。

此后，有人送了一匹骏马给支遁，支遁十分欢喜，便把骏马养了起来。马象征着自由、奋进，这也正是支遁内心的折射表达，虽为佛道中人，但其内心如骏马般明亮、热烈、高昂，有着不懈的人生追求。有人说："出家人养马，很不得体。"支遁却说:"我只是爱它的神气俊迈,所以才养它。"

后来又有人给支遁送了一只仙鹤。在道教中,鹤是长寿的象征,性情高雅,形态美丽,有翩翩君子之风。支遁却对仙鹤说:"你是凌云冲天的飞禽,怎能作为人们的玩物欣赏?"于是支遁便将仙鹤放飞了。这就是《世说新语》中关于支遁放鹤养马的故事。

沃洲山自古便受到文人骚客的倾爱,白居易在其《沃洲山禅院记》文末写道:"异乎哉沃洲山,与白氏其世有缘乎!"如今,游者泛舟沃洲湖上,虽已不见此寺,心中却可映现出沃洲精舍、沃洲山禅院香烟缭绕的昔日光景:面目清癯的支遁大师在讲经说法,妙语连珠如撒下漫天花雨。

钟声鞍顶山

新昌鞍顶山，传说是一匹龙马的化身，曾有"张果老鞍顶山降龙"之说。鞍顶山原是古火山，火山喷发的灼热熔岩奔涌四边，赤热的凝灰散落八方。它们冷却成岩峰，堆积为台地，远及千里，近在眼前，喷熄了的火山口慢慢冷却，在突起的山巅上成了一个低凹的山口，山巅有逼真的马鞍形态，鞍顶山也因此而得名。

鞍顶山有着不少老者口口相传的故事。

据说，鞍顶山山顶有一座古寺。某日，该寺的住持在午睡时，梦见一条金光闪闪的神龙要求住持外迁寺院腾出地方给它安身。住持自然不肯，便提出要等"屋顶开花，冷饭抽芽"之后才肯迁走。神龙应下后，便化成一小儿在寺院附近搭一草棚居住等待。

小儿在草棚周围种了许多藤萝，一日又一日，藤萝竟生长攀爬到棚顶，并且开了花，应了"屋顶开花"这一条件。至于"冷饭抽芽"更是机缘巧合，有一日这小儿碰巧吃着冷饭就着炒豆芽。就在此时，小儿连带着草棚一同消失不见,天空乌云密布,一条金龙破云而出,寺院里腾起一股黑烟。过后,古寺不见了,寺基上竟出现了一个偌大的深潭,即"三州潭"。

另又说,鞍顶山的古寺原有一口钟,和尚做早课、晚经课时敲响钟楼上的钟时,钟声洪亮,声播远处,三府三县的人都能听到。后来因应了"屋顶开花,冷饭抽芽",寺院被"龙"卷走了,寺基的地方变成了一个龙潭,潭水总不断往上冒,老和尚随手将寺院仅剩的这口钟往水潭里抛去,大喝一声"孽畜!",顿时潭水变平静了。这口潭一直留到今日,而这口钟再也没有浮出水面。从此,灵山寂静了下来,人们再也听不到鞍顶寺远播的钟声了。

鞍顶山下还流传着这样一句谚语:"鞍顶戴铁帽,癞头晒起泡。"说的是鞍顶山起了云雾,山头

"矮"下来了，天就要下雨了；如山头云雾收起，天则要放晴；如山顶的草色变焦黄了，天就要大旱。因此，当地山民常常观山判断气象。

如今，你若登上鞍顶山山顶，举目四望，群山环抱，气象万千，视野十分开阔，新昌、天台、磐安的许多村落、群山、溪流尽收眼底，天晴还能看到天台国清寺隋塔。山上有成片的黑松、翠竹、草地，还有种类繁多的药材、动物。山间有江南韵味的潺潺溪水，茂林翠竹。

在鞍顶山上的漫天繁星下入梦，在世纪之光的照耀下醒来，成了很多人的梦想。

真爱覆船山

　　嵊州的南部有一条江，江边屹立着一座山，这座山形甚是奇特，远远看去，就像一座覆置的船，因此当地的居民便称它为覆船山。覆船山的奇特形状使它充满独

特吸引力，吸引了北宋著名的吕南公作诗一首《覆船山》："山似舟航压众坡，静为平地动为波。桅樯不藉瞻乌首，争奈风帆百尺何。"这番描述，委实不差。

这座奇山，关于它的来历也是带着神秘色彩的。据说在今嵊州甘霖镇独秀山麓，本住着一户陈姓人家，有一个壮实的小伙名叫陈贤，因家中父母早亡，便随着兄嫂过日子。陈贤勤劳能干，可偏偏他的兄嫂刻薄寡情，因此他的日子委实不大好过。每天不是被催着上山砍樵，便是被赶着下田干活，一年四季不停歇，一日三餐不果腹，但这日子好歹也是过下来了。过着过着就到了陈贤十七岁那年，他哥哥说："老话说'树大分叉，人大分家'，我们分家吧。"于是，陈贤便离了家，一路向东南行，直至西白山山麓下，搭了个茅草屋，也算是一个家了，每

日依旧是上山砍樵，顺带采撷草药，再到市里籴米以维持生活。

日子就这样平淡地过了三年。

一个寻常的早晨，陈贤去山上采草药，半路上看见一只翠鸟正被一只老鹰追逐。当即，陈贤便将砍刀掷向老鹰，救下了翠鸟。不承想，这翠鸟实际上是一位妙龄少女，而那老鹰则是一个花和尚。少女名唤小玉，在下山玩时被这花和尚调戏，于是小玉化作翠鸟逃离，而花和尚化为老鹰追逐，幸得陈贤相救。

小玉容貌姣好，陈贤对其一见倾心。小玉有恩在先，得知陈贤心意后，觉其有恩在先一来一往便也倾心于他。于是二人打算一起回小玉家，让小玉的父亲收陈贤为徒，再求亲。他们翻山越岭到了一座山脚下，却被一条大河的滔滔河水挡住了去路，好在小玉用一条红丝带化作船，渡了河到达了琼山仙境。

　　小玉的父亲是一位眉须皆白的老人，他说："你若做好三件事，我便收你为徒。"第一件事是让陈贤去柴房墙角拿一"竹冲"到后山挑一担"柴草"回来。陈贤本以为这事再简单不过了，不承想这"竹冲"是一条大蟒蛇，"柴草"是两只黄斑大老虎，幸得小玉悄悄提点，陈贤才得以顺利地用那"竹冲"担了"柴草"回来。第二件事是让陈贤到黄土墩上砍十几棵树。这砍柴可是老本行，可谁知这树砍也砍不倒，韧性十足。于是小玉便又偷偷地教他如何砍树，很快陈贤顺利地砍了那十几棵树。这厢陈贤一路顺当，老人却不顺心了。第三件事是捉迷藏。夜里，陈贤正冥思苦想如何成功找到老头，小玉便过来告诉他："竹园入口是东，往西走至第七棵竹子，数至第七节，便可寻到他了。"翌日，陈贤如小玉所

言,果真捉到了老翁,并顺利地成为老人的徒弟,也如愿地娶到了小玉。

婚后的生活如想象一般美好,但对陈贤夫妻二人来说未免太过寡淡。他们打算下山去玩,可老人不同意。于是这天夜里,陈贤夫妻二人灌醉了老人,便偷偷溜下山,可又遇到那滔滔河水,这次小玉没有带红丝带,只得拣一片树叶化作船渡了河,却不能将其化为原形。同时也怕凡人坐这船有生命危险,小玉便将其覆置于河滩上。

待到老人酒醒追上来时,两人早已远去,见到那覆置的船,心中也来气,气得用手中拐杖将其磕出了缝。经年累月下来,覆置的船堆积成了山,人们称"覆船山",这缝也成了闻名的"坼坑岭"。

美丽的爱情传说恍如发生在昨日,覆船山依旧瑰丽,吸引着游人争相前来一探究竟。

白翁西白山

　　西白山，位于浙江省嵊州境内，是境内的最高峰，海拔约一千零八十米。《旧经》云："巨石猝然摇之即动，再摇即不动。"

西白山中有一村，名葛英村。葛英村中有一岩石群，被当地人称为"铜锣石"。传说在东晋时期一个烈日炎炎的中午，一位眉须雪白的老翁挑着一副沉重的担子，赶着一群鸭子，又牵着一匹白马向西白山徐徐而来。至葛英村时，便让鸭子四散觅食，待到饱足时，白翁方才掏出一面铜锣击打起来，鸭子听到号令便都乖乖地聚集在白翁脚下。

老翁复又取出一根细长扁担，挑起那装满玉米、馒头的重担，牵着白马继续前行。不料这一切被一个后生看在眼里，原来所谓"扁担"不过是细长的麻火梗。故而后生向老翁发出疑惑："这位老翁，敢问您是如何用这细长的麻火棍挑起这副重担的，难倒它不会断吗？"话音方落，老翁手中的麻火棍应声而断，两边的重担也缓缓歇落，变成了两座山头，一座名曰叠石岩，一座名曰解石岩。那群鸭子四处逃散，任凭白翁使劲地敲打铜锣也无济于事。

渐渐地，一只只鸭子也变成了石头，直至最后形成了岩石群，待到老翁想起那白马时，也消失得无影无踪。见到这幅场景，老翁叹了口气。原来老翁是一位老神仙，只因刚刚那个后生看破了其实质，方才法术被破。

紧接着，老翁从背上抽出一把腰刀，手起刀落，在岩石群上画了几笔，便离去了，留下一段意味不明的传说。有人说，老翁是在岩石群上写了字，可无人认识这些字，更何谈明白其意义。但据葛英村的老人说，这老翁就是葛老仙翁，原名葛洪。倘若有人认出葛老仙翁留下的字，便可得到他的铜锣和宝刀，还有那匹白马。也有老人说，需得千年的稻草去岩石群哄，便有宝马跳出，随你而去。但哪有千年稻草呢？这边又要说到葛英村的三株千年大枫树，乌鸦惯爱在上面搭窝，搭窝的稻草便是千年稻草。时至今日，那岩石群上的字依旧无人识，也未有人用千年稻草哄出过宝马，这铜锣、宝刀、宝马也早已成了千古之谜。

岩石群其实也就是"石浪蓬"，因为那堆积的岩头像铜锣面，若是有人去敲打它，竟会发出和铜锣一样清脆的声音。故而，石浪蓬在葛英村里又被称为"铜锣石"。

经年累月，关于西白山的白头老翁和石浪蓬的传说愈加模糊，但也为其蒙上了一层神秘的面纱，吸引着游人前来观赏且络绎不绝。

萧衍与崿山

　　崿山，又称崿大山，俗称"猪大山"。崿山来头不小，相传，大禹入剡治水，曾在崿山脚下的清风岭凿山开溪，之后大禹治水成功便留在了剡溪。

"东飞伯劳西飞燕，黄姑织女时相见……三春已暮花从风，空留可怜与谁同。"写下这首感情缠绵、风格绮丽、语言平易的言情诗时，诗人萧衍正忘情地徜徉在嵊山上。

公元490年，萧衍经历了丧父之痛。三年孝期满后，因闲暇时熟读谢公《山居赋》等佳作，又慕王羲之、王献之之书法盛名，萧衍对古剡山水神往已久，便打算去嵊山探访一番。几天来，他泛舟剡溪口，寻刘阮，访金庭，登四明，充分领略了剡中山水之秀。尤其是剡溪口的嵊山，峰峦叠嶂，山脉逶迤，峰岭相连。待到倦鸟还林、游鱼归渊的黄昏时分，萧衍投宿在嵊山。他沿着缓缓下降的山脊，穿过高可至霄的毛竹林和一片片茶园。远处传来了声声狗吠。萧衍循声寻去，终于发现了一处隐映在绿树丛中的农舍，就是在这里，他遇到了一位美貌的崂山姑娘，便再也不想走了。然时光匆匆，身边虽然有贤惠的崂娘和清醇的香茗相伴，但朝廷给他的假期已满，他不得不离开。

公元 502 年，雄才大略的萧衍在拜别崂娘后，征战沙场，喋血内宫，结束了只有二十三年历史的南齐王朝，开创南梁。萧衍，这时应该尊称他为梁武帝。可梁武帝离别崂娘后虽然身边多伊人，他依然惦念着那个崂娘，于是他派使臣带着诏书日夜兼程前往崂山，征召他那阔别多年的妻子。

几成望夫石的崂家娘子终于盼来了她梦寐已久的时刻，她拜别了家乡亲人，在使臣和随从的簇拥下远赴京都。《梁书·武帝本纪》载曰："高祖英武睿哲……于是御凤历，握龙图，辟四门……"可见，梁武帝在迎娶崂家娘子后并没有沉湎于儿女私情。他吸取了南齐灭亡的教训，一直勤于政务，采取了广开言路、整顿吏治、完善法律、轻徭薄赋、重视农业等一系列措施。而且，在个人生活上他极为俭朴，史书说他"一冠三年，一被二年"。

然水无常势。为巩固梁朝的统治，梁武帝下令全国信佛，以佛教理论统治百姓。梁武帝与一位高僧谈禅悟道后，在思想上起了质的变化，自己也逐渐从一个有为的皇帝演变成一个痴迷佛教的信徒，成了历史上有名的和尚皇帝。晚年的梁武帝不近女色，一心向佛，甚至三度出家，信佛而至佞佛，彻底忘记了自己作为一个帝王的责任，以致朝政逐渐昏暗。"遂使滔天猾寇，承间掩袭"，招致亡国之祸。其情贾谊有云"可为恸哭者矣"，更让世人长叹"天道何其酷焉"。

那时候，想必我们的嵛山娘子在梁武帝的身边也早已说不上话了吧。八十六岁的梁武帝因侯景之乱饿毙台城时，倒显得从容坦然。他叹言江山"自我得之，自我失之，亦复何恨"！

"南朝四百八十寺，多少楼台烟雨中"，我们今天只能从方志《崂录》中读到"萧衍经崂山，与崂家姑娘为婚，后别崂娘入齐，南面发诏征之，山上有宣诏亭"。王公崂山赋曰："梁王别室，归建业以登天。"又曰："皇书亭畔，又看麋滞之踪。"这些语焉不详的文字，留给我们太多的想象和追寻的空间。而今梁诏亭与崂娘宅也早已湮没在历史的风尘中。

崂溪依然靓丽清澈，崂山依然苍翠嵯峨。梁武帝与崂娘的故事已隐匿于路人的闲谈里，而后人追寻的脚步依旧在路上。

王脉天子山

在今嵊州鹿山街道施任村南有一座山峰，山顶略尖，古时人们称它为天子山。

据村里的老人言，在唐朝时，有一位赫赫有名的风水大师——李淳风。李淳风在那时专门为大唐皇室看风水，自北方到江南，自莫干山脉至四明山脉，又自四明山脉至天台华顶。而在途中他却有了一个意外发现。他发现一条雄壮的山脉从天台华顶向西北奔腾而去，犹如一条长龙游入群山之中。

为了确认这个意外，李淳风又循山寻去，经镜岭，过贵门，然后一个大跨往东延伸，在独秀山边一跃直达澄潭江边，他屹立江边，抬头仰望，终于抑制不住自己惊讶道："此地必出帝皇。"时不缓待，李淳风回到京城，向皇上报告。而皇上一听有出帝皇的风水，心道一定有谋反，便派李淳风与另一位风水大师袁天罡带兵前往镇压。

李淳风与袁天罡来到天台华顶，搭起九层高台，作法镇风水。中途，袁天罡暗想，当今皇上镇尽天下风水，那么以后千秋万代都不是李家天下了吗？

俗话说得好:"风水轮流转,皇帝轮流做。"说不定什么时候轮到我们袁家呢!贪念一起,就如势不可挡的洪水一般,于是袁天罡在台上念咒镇风水时,把咒语改成预言:"当今出个草头王,五百年后过路王,再过五百年,出得真龙王上皇!"

虽不知是不是巧合,但说也灵验,唐朝末年出了个仇甫,在剡县起义,建起"罗平"国,当起草头王。到了明朝,真的出了一位过路皇帝——朱元璋。

那还是元朝末年,又是一名家喻户晓的风水大师刘伯温来到嵊州八宿屋村寻访常遇春。一大早,刘伯温就带着常遇春出去打天下。路过天子山山麓,就见有个讨饭的小孩子睡在路廊里,撑开手脚,仰天成一个"大"字,一根讨饭棒放在头上,形成一个"天"字。刘伯温觉得异样,用脚一踢,小乞丐一个转身,勾头勾脚,把那根讨饭棒收在腰间,形成一个"子"字。这前后两字合在一起不就是"天子"吗！刘伯温按捺住心中的激动，又乘着晨光，给小乞丐看相以确认内心的想法。不看则已，一看惊人！这个小乞丐竟是个五岳朝天、奇骨贯顶的帝王之相！于是，刘伯温与常遇春等小乞丐醒来，带着他打天下去了。没过几年，这个小乞丐登基做了明朝的开国皇帝——朱元璋。而他没有忘记在剡地乞讨的出身，于是下了一道圣旨，免了剡地三年赋税。嵊州百姓为了感谢天子恩典，就在他与刘伯温相遇的天子山南麓建起一座庙，因为是纪念朱元璋这位天子的，所以就叫"天子庙"；天子庙后面的山也因此叫"天子山"。

草头王已有，过路王已出，再过五百年，是否真的会出一位真龙天子，那就未能知晓了。天子山虽无超脱之特色，却因着这份名字渊源而充满传奇色彩。

报恩鹿胎山

　　隋朝辰光年间，嵊州有座山叫城隍山，也有人说是剡山，现在我们都称它鹿胎山，即今浙江嵊州西北隅城隍山北支。

　　《清一统志·绍兴府一》"剡山"条

下："其南二里为之鹿胎山，县治跨其麓，宋朱子登眺其上。题曰'溪山第一'。"关于鹿胎山这个名字的渊源，有人说是因为那有一群大大小小、高高低低的小山头，远远看去，很像一只卧着的母鹿在喂哺仔鹿，形象地来说就是鹿胎山。但是更多人偏向的还是一个宣扬"放下屠刀，立地成佛"思想的佛家故事。

辰光年间，有个打猎能手名叫陈惠度，住在山东边的一间茅屋里，家贫如洗，靠卖柴、打猎度日。到了年底大雪封山时，因家中缺粮，妻子无奶水喂养儿子，他也只得拿着弓箭，出门猎杀野物。大概是好运降临，陈惠度刚到北坡，抬头一看，便发现那隐隐伏着一只梅花鹿。他俯下身子，蹑手蹑脚移步上前，发现这梅花鹿骨瘦如柴，冻得瑟瑟发抖。陈惠度赶紧拉起弓"嗖"的一箭，射中了那只瘦鹿

的后膈。可怜这饿鹿为活命，竟忍着剧痛跟跟跄跄地带箭而跑，鲜血"吱吱"地洒在雪地上，拖成一条断断续续的红线。陈惠度也依着"红线"追赶，直至追至惠安寺的后面凹地。

陈惠度追到梅花鹿身边一看，原来这只梅花鹿已生下幼鹿，母鹿的双眼直勾勾地望着幼鹿，淌着泪水，舌头不时地舔着幼鹿的头和躯体，伤处的鲜血还不时地渗在雪地上。不多时，母鹿体温趋冷，睁着双眼悲惨地死去了，而幼鹿还"咪咪"直叫，挣扎着要吃奶……

陈惠度呆愣愣地看着倒在血泊中的母鹿，又瞧瞧趴在妈妈身边的幼鹿，禁不住热泪夺眶而出。过了许久，陈惠度抛弃手中的弓箭，俯身抱起哀叫着的幼鹿，拖着沉重的脚步，下山而去。直至家中，跪求妻子用奶水救小鹿，并发誓不再杀生。

翌日，陈惠度将妻儿安置好便到惠安寺做苦力，数年后剃度出家，并发愤修行，以赎前愆，后来成为一位得道高僧。他的妻子则含辛茹苦地将儿子抚养长大，并娶了媳妇。又是一年大雪封山日，媳妇产子时难产，正当陈惠度的妻子焦灼万分时，忽有敲门声传来，妻子打开门一看，竟是一只母鹿衔草而来，两只清澈的眼睛望着妻子，奇妙的是妻子理解了母鹿的意思，将鲜草煎汁给媳妇喝下。更奇妙的是，媳妇喝下后有了精神，顺利产子。

妻子后来在惠安寺的凹地处发现了同样的鲜草，原来这头母鹿就是当初她用奶水喂养的那只。冬去春来，当初被陈惠度射杀的母鹿鲜血染红的那块地上长出了一丛草。这草孕妇吃了能安胎，产妇吃了会止血。人们为了纪念陈惠度立地成佛，母鹿衔草报恩的故事，就称它为"鹿胎草"。那山，大家也就

叫它"鹿胎山"了。

"舐儿痛恨彻心头，礼忏莲台悔未休。芳草萋迷埋鹿处，斑斑犹有泪痕流。"世上万物皆有情，唯有良善天地长。

寂寞覆卮山

　　覆卮山，地处上虞、嵊州、余姚三市（区）交界地带的上虞区岭南乡，主峰海拔八百六十一点三米，是上虞区最高峰。当年中国山水诗鼻祖谢灵运游历至此，

"饮酒赋诗毕，覆卮（酒杯）于其上，山因而得名。"卮，酒杯也，覆卮山名由此而来，又因在覆卮山，覆卮谐音福祉、福至，是游客乐至祈福的江南名山。

覆卮山离东澄古村十里许，高高耸立在四明山之巅，巍峨中倒也不免有些孤单，对面有山名罗成，与之相比，罗成山矮了覆卮山大半截。老一辈的人皆言，两座山的差距原来没有如此之大，这都怪罗成山当初夸下海口，羞辱覆卮山，结果被狠狠一斩。

传说当时罗成山是这么挑衅的："覆卮高高，被我罗成当当腰"，意思是罗成山比覆卮山还高，你覆卮山再高再大也只到我罗成山的腰间。这样被挑衅，本就高傲的覆卮山当即怒火冲天，立马回敬了一句"罗成高高，被我覆卮一大刀"，意思是罗成山比我覆卮山还高，且看你罗成山被我覆卮山狠狠一刀斩。

结果可想而知，罗成山就被覆卮山狠狠地砍去了一个脑袋，也硬生生地矮了大半截，从此，罗成山变为覆卮山的小弟，再也无资本叫嚣了。有垂髫小儿问："那这罗成山的脑袋哪去了，可是被砍在了自己脚下？"黄发七旬者和蔼一笑，罗成山的脑袋倒没有飞到自己脚下，而是远远地被砍飞去了杭州，即人人皆知的杭州灵隐寺的飞来峰，就是那罗成山的脑袋啊。

如今，罗成山平坦的山峰就是它挑衅覆卮山不成反被收拾的结果。至于覆卮山的那份寂寞，怕是当初那一刀过于狠厉了些，使得现今有些"独孤求败"之感。

覆卮山山顶有一块"福祉石"，还有一个小亭曰"福祉亭"，寓意深长，既供人们栖息，也可以远观山景，观那平坦的罗成山。

待到太阳西下，覆卮山顶的一场日落是馈赠给

不辞辛劳登顶者的一份绝美礼物,落日余晖洒在连绵群山之上,或许谢灵运当年正是被这番美景感染,才在此"饮酒赋诗,饮罢覆卮"。南宋王十朋亦有诗云:"四海澄清气朗时,青云顶上采灵芝。登高须记山高处,醉得崖顶覆一卮。"

覆卮山,福祉山,唯愿前来登山抑或祈福者,皆可福祉绵长。

谢安在东山

　　绍兴东山，又称谢安山，位于绍兴市上虞区上浦镇境内。山的西面可望见浩渺的曹娥江，晨起可以听见鸟鸣啁啾，抬眼向窗外望去树林中雾霭初升。

　　这里曾是东晋最著名的名士之一——谢安隐居二十年的地方。"东山再起"这一成语便出自此。

　　谢安出身于名门世家,自幼便负有盛名。朝廷多次以各种职位征召他,本可以凭借门第和声誉平步青云的他,却都以疾病为由推辞了。谢安不喜官场的烦冗,更钟爱游弋山水。他在二十岁左右时,便走出了繁华的乌衣巷,携家带口前往曾经祖辈们居住过的会稽郡,隐居在了东山。

　　此后,谢安便过着与朋友郊游、捕鱼打猎、吟赏烟霞的日子。只是不愿出山的谢安,与他担负着守边重任的弟弟谢万相比名望还要高,使他遭到了许多恶意的揣测。最著名的一次交锋便是在谢氏门庭衰微,谢安不得已走出东山,去应征西大将军恒温司马一职的时候。

　　一日,恒温见到端上来的草药,便问谢安

道："这种药又被唤作小草，怎么会有两种称呼呢？"坐在另一旁的名士看了看谢安，高声讥讽："这有什么难的，在深山里叫远志，出了山就是小草。"意思是指，在隐居时以不慕功名而著名的谢安，出仕后就只是一棵没有能力的小草。恒温听罢后，纵然十分敬重谢安也不禁为这比喻而展颜，而谢安依旧神色坦然，像是没有听到似的。

终于，发生在公元383年的那场淝水之战，谢安以无可辩驳的姿态向世人证明了自己，他在山水之间御敌于千里之外，力挽狂澜地取得了这场以少胜多的战役，延缓了东晋的灭亡时间。当捷报传来时，谢安却面无波澜地继续与客人下棋，待客人都按捺不住喜悦先行告辞后，他才雀跃入室，激动得将木屐的屐齿都绷断了，谢安的强作镇定原来只是担忧自己动摇军心。

　　谢安的这份理智亦体现在对孩子的教育上。谢安在东山时，他妻子曾经因为孩子不听话而暴怒，向他喊道：怎么从来不见你教育孩子？他便答道：我不喜欢用嘴来说大道理，我喜欢用实际行动来教育孩子。

　　《晋书·谢安列传》记载，谢安广泛制造船只和装备，希望天下大体安定后便回归东山。

　　东山那一座座连绵苍翠的小山丘成就了谢安。静能生慧，谢安在山水中看清楚了自己，使他能在受人轻视以及众人皆乱时保持淡然与清醒。或许东山是与谢安的理想契合的，他喜欢精神自由，同时亦能承担一个家族的重任，更能在国家危亡时挺身而出，只是他最爱的还是自然。

　　那自由舒卷、岁月静好的日子，使他无数次地在梦中嗟叹："东山吾久不归矣。"

佛教传峰山

　　位于绍兴市上虞区的峰山，被认为是日本佛教天台宗的鼻祖最澄在华学习佛法的受法圣地。经浙江省旅游局考证和1996年6月日本天台宗宗务厅认可，峰山道场

成为中日文化交流的重要见证,为日本宗教朝拜的圣地。

在世代居住在梁巷村的村民看来,他们所依偎的峰山只是一座四十多米高的丘山,孩童们在很早之前就发现山中有一座坐西朝东的半身佛像,佛像法相庄严、面容饱满,修长而慈祥的双目微微俯视。他们问了父辈或者资历更老的老人才知道,这是来中国学习佛法的日本高僧最澄为报答恩师顺晓对他的教授而雕刻的。

大师最澄自幼出家,早年便在他母国的比叡山修行佛法,他所诵读的佛学书物多为中国的天台宗经典,因此年轻的他立志修学天台宗,并且主动向朝廷提出要随遣唐使入唐求法。而当时的造船业及航海技术还不是很成熟,在最澄之前驶出的一艘船队刚出田浦便被卷入了巨澜怒涛中,幸运一些的船只即使逃过了被大浪吞噬的命运也破损严重，然而最澄仍旧执意来华取经。

历经两个月的海上漂泊，最澄终于来到了浙江宁波。刚到不久，他便马不停蹄地先后赶往当地的景福律寺以及台州天台山国清寺；此后又听闻密教五祖善无畏再传弟子顺晓之盛名，便压抑住了浓厚的思乡情绪，延缓了回国的计划，乘船前往一百千米外的绍兴，在峰山拜高僧顺晓为师，静心参悟佛法真谛，他最终获得了三步三昧耶的灌顶及其印信。

系统研习了佛教经典的他，便要与中国及他所待的最后一个城市告别，最澄心中泛起了阵阵不舍，他为老师雕刻了一座佛像，这便是峰山石像的来源。当他回到故国的比叡山后，他将在峰山道场附近所带回的茶种洒向他庵边的山坡，并在那里创立了日本天台宗，为日本的佛教事业做出了巨大贡献。

许多年后，最澄在病榻之侧，向围绕在身边、悲戚的僧众和天皇使者说出了他最后的遗言，"照于一隅，此则国宝"。这一句话将他的传教精神做了生动的阐述，每个在自己所在的地方竭尽全力地努力，为身边的生灵发光发热的人，都是这个时代的宝物。时异事殊，这句话仍然启发着我们。十多年后，最澄大师最出色的弟子圆仁受到众僧的推荐亦请求前往大唐求法，当他漫步在扬州的寺院时或许会想起多年前老师说过的这句话。

1997年6月4日，日本天台宗座主渡边惠进来到上虞峰山，耄耋之年的他为这一圣地亲题"传教大师最澄大师峰山受法灵迹碑"。

那峰山侧畔的曹娥江北流依旧，峰山翠意不改，一庙一佛，静与岁月。

神女凤鸣山

位于绍兴市上虞区南面的凤鸣山，又名南山，该山山陡谷深，一片苍翠，山中有急流叠瀑，是道教"第九小洞天"所在的地方。东汉"万古丹精王"的道教祖师

魏伯阳在此炼丹著书修仙。据《上虞县志》记载，"昔有仙女跨鸾作凤鸣至此"，便是这座山名字的由来。

凤鸣山蕴含着厚实的道教文化，上虞著名的仙姑便是在此得道成仙的，并且通过自己的修为福佑一方百姓。

相传，很久以前，这座山下有一户人家，家中的父亲为了谋生计而外出经商，家中乖巧伶俐的女儿却因父亲不在家而受后母虐待，叫天天不应、叫地地不灵，最终她不能忍受后母的凌辱，决定逃到现今的凤鸣山，期望通过修仙来获得身心的安宁和自由，她以野果为食，绩麻为衣。

有一天，她父亲终于回家了，却发现女儿不在家里了，一问才得知自己的掌上明珠在家中竟然遭受了如此多的苦痛，气急之下便怒打了歹毒的后母，随即去寻找女儿。据说那时上虞境内大部分地方还淹没在海水里，原上虞县域的北门名为靖海门便是这缘故，而当时凤鸣山也只是露出海面的岛屿，因此父亲撑着船在茫茫大海中四处寻找，却始终不见女儿。

终于有一日，在一岸上的山坳里，他看见了女儿身影，她于崖下打坐。父亲激动得大声呼叫，却不见女儿回应。他急忙向女儿跑去，可不知何故父女之间的距离总不见缩短。父亲又气又急，拾起两块大石头就向女儿抛去。奇怪的是，随着轰的一声巨响，女儿打坐的山崖立即靠拢，挡住了两块欲坠下的大石，女儿的身影已隐入洞中了。父亲这时才幡然醒悟，自己的女儿早已得道成仙了。

只是这一番动静形成了如今高十余米的裂隙状石洞，洞顶夹着看似摇摇欲坠的巨石。而山泉又从崖顶飞泻而下,成了凤鸣奇观——悬石瀑布。南宋上虞知县曾称赞此景:"白日忽风雨,洞中别有天。两山空一隙,百道落飞泉。怒起喧如鼓,抛空散作雾。"

善良的仙姑并没有就此离开,她乘鸾下降在凤鸣山,于悬石瀑处打坐,音乐缥缈,绩麻依旧。人们为了纪念她,便为她建造了凤鸣真人祠。

相传该祠求雨即应;东汉曹盱便在该祠中求得了曹娥孝女。乾隆三十六年,真人祠后的石壁忽然被削裂一片,上有"凤鸣山"三个大字,石质皎白,众人以此为奇。而在上虞境内,关于凤鸣神女的事迹还有许多,如仙姑救草堂的故事等。

千百年来,凤鸣寺香烟缭绕。上虞百姓即使在平常日子里亦会上山祭拜,虔诚祈求平安、吉祥。

箫引凤凰鸣

　　坐落于绍兴市上虞区上浦镇的凤凰
山，山林茂密，清流碧波，气候宜人。在
这里诞生了"九秋风露越窑开，夺得千峰
翠色来"的越瓷，上虞区在此建立了凤凰

山遗址公园。

这座风景优美的凤凰山，还口口相传着一首久远的民谣：

> 凤凰山，高入云，
> 天天清晨凤凰鸣。
> 箫郎吹箫引彩凤，
> 牛郎有缘配仙人。

这首歌谣讲的便是凤凰山仙女与凡人箫郎之间的故事。

传说，古时凤凰山脚下住着老两口，生活了半辈子终于生下了一个男婴。因为母亲在没生这个孩子时，就梦见一个气质不俗的人送来了一支凤箫，感觉很玄妙，于是这个孩子出生后，就给他取名叫

"箫郎"。

在箫郎十二三岁时，老两口不幸相继去世了，家中什么也没有，于是他只好来到地主家帮地主放牛。冥冥之中，箫郎那吹箫的喜好似乎与母亲的梦有一定的关系，他每天早上赶牛上坡之后，就坐在牛背上吹起自己心爱的箫来，他的箫声悠扬动人，连吃着草的牛儿都忍不住"哞哞哞"地应和。到了夜幕降临的时候，箫郎结束一天的劳累，便又坐在牛棚里吹箫。

有些小伙伴看到他这么喜欢吹箫，突然冒出了一个点子，于是对他说："咱们的凤凰山上有一位凤凰仙女，你为什么不用你吹得这么好听的箫声去把仙女唤出来呢？"箫郎听后，信以为真。从此他每天都会去凤凰山放牛吹箫，只是连着许多天过去了，一片凤凰的羽毛都没有看到。但箫郎仍然不放弃，为了看到美丽的仙女，他一天天坚持吹着。

有一天，箫声引来了一只锦鸡，它安静地在树上听着。忽然空中出现了一只鹞鹰，向锦鸡扑去。锦鸡扑腾了好几下，一头扎进了箫郎怀里。箫郎一手护着锦鸡，一手将鹞鹰驱赶走了，然而他的箫却"啪"的一声碰在树上折断了。箫郎心痛不已。

这时，锦鸡突然开口道："一支竹箫而已，有何可惜的？"箫郎红着脸把原因说了一遍。锦鸡说："你的竹箫是凡物，凤凰仙女根本听不见。实话告诉你吧，我是凤凰仙女的丫环。凤凰仙女因为爱听箫而犯下了天条，被王母娘娘关在了凤凰山顶的凤凰洞里，但若能用老鹰山鹰嘴上挂的那支紫玉箫吹曲，凤凰仙女听到仙曲之后，便能从洞中飞舞而出。"言毕，锦鸡便消失不见了。

箫郎听后，冒着生命危险攀爬上鹰嘴山，终于取得了那只紫玉箫。箫郎拿着这只紫玉箫在凤凰山山林中演奏起来，这时的箫声似乎有了魔力一般，漫山遍野的枝叶和小草都在战栗，箫声传入洞中。这时，山上传来一声愉悦尖锐的长鸣声，只见一只绚烂夺目的凤凰在箫郎头顶的高空中盘旋着，不久便化作一个美丽动人的女子，降落至箫郎的身边。

这之后，凤凰仙女与箫郎的佳话，便在村民中一代又一代地流传下来了。

灵药兰芎山

上虞梁湖境内的兰芎山，山势俊秀，南宋赵友直曾用"兰芎围绝嶂，图画望中悬"来形容它。这座山以富有草药而得名，再加上有许多仙迹，如：东汉道教玄

师葛玄遁世于此；著名官员倪元璐与王守仁皆苦读于此。因此可以说兰茮山是一座充满灵气的山。

在兰茮山流传着这么一个故事，说的是这满山草药的来源。很早以前，上八洞神仙吕洞宾背着一篓仙草路过兰茮山时正好是盛夏，炎热异常，吕洞宾便到树下纳凉打瞌睡。忽听到一阵低沉的风啸声，只见一条大蟒蛇从山坡上直冲而下，游入山岙池塘，在塘中翻云覆雨，弄得水花四溅，之后便吐着信子缓缓地隐入林中去了。

不久，一个唱着歌谣的牧童来到池塘边舀水喝，不料喝完后立马捂着肚子在地上打起滚来。吕洞宾瞬时便知晓这孩童是中了刚刚那条大蟒蛇的蛇毒了，便急急忙忙从篓中掏出一株仙草，趋步到塘边，却发现这个孩童居然已经站立起来，还唱起歌来了。不禁瞪大眼睛，问道："刚刚是你在那喊疼吗？"

"是呀。"牧童清脆地答道。

"那你为何现在又好了呢？"吕洞宾十分迷惑。

"方才喝了水，肚中疼痛不已。情急之下我便拿出了这土药放进嘴里嚼，于是便好了。"

看着吕洞宾仍然一副不可置信的样子，牧童笑着继续解释说："我们这的人习惯在端午节掘些独蒜头，带在身边，碰到发痧中毒什么的，拿出来嚼几颗便都好了。"并将自己剩余的蒜头都递给了吕洞宾。

吕洞宾闻这独蒜头味道辛臭，便想起了民间流传的一句话："单方一味，气煞名医。"于是叹道："人间有此妙药，还要我这仙草何用。"于是将他那仙草篓抛在山上，驾雾而去。

这正是上虞民谣中所传唱的：

兰芎山，草药全；

独头蒜，奇功传。

气煞神仙吕洞宾，

再不敢轻视人间。

这首民谣亦表达了上虞人民不羡神仙，对平凡生活和家乡的无比热爱之情。

而这仙草篓中的仙草呀，一半洒在了兰芎山上，一半飘向了兰芎山东南面凤亭山的药师庵里。据说从此以后，兰芎山的草药样样都有了。

鳌鱼蒿尖山

　　《方舆纪要》卷九十二绍兴府"丰山"

条下：壕山"在府东七十里。下临舜江，

接上虞县界，一名蒿尖山"。蒿尖山是会

稽群山之一，山高如削，山巅有洞，广八

尺，深十余丈，清绝可爱。

很久以前，蒿尖山是一处平原，孕育着三四个村寨。村民靠山吃山，靠江吃江，生活能满足温饱，倒也逍遥自在。可有一年，大舜江里突然出现了一条有万年修行的大鳌鱼。大鳌鱼体形庞大、力大无比，当它浮上江面时，犹如一座岛屿；当它巨尾一甩，便会引起滔天大浪，祸及江边百姓。大鳌鱼不仅在水下肆虐，还常常上岸，掳走牲畜，毁坏良田房屋，使得百姓苦不堪言。

殷家堡有一对兄妹，哥哥名大箭，妹妹唤大好，二人见大鳌鱼为非作歹便想为民除害。虽说哥哥武艺高强，鱼叉箭矢锋利迅猛，可仍不及大鳌鱼的气力，未能伤及大鳌鱼一分一毫。兄妹俩明白硬拼是行不通了，于是决定出门寻找对付大鳌鱼的办法。

兄妹二人告别众乡亲邻里，踏入了一片树林。

他们看见一位白发老妇盘坐在树下纺棉，于是上前请教铲除大鳖鱼的办法。老妇说："把万斤重的线拧成粗绳，就能拉动大鳖鱼。"二人谢过老妇后继续上路。

几天后，兄妹二人路过一个村庄，瞧见一个铁匠在打铁，便又上前打听讨教办法。铁匠说："打制一个有四个尖尖，且万斤重的鱼钩，钓起那条大鳖鱼。"二人辞谢。

不久他们来到一个集市，碰见一个老皮匠，二人再次上前打听。老皮匠说："缝制一件牛衣，塞上万斤重的草料，充当假牛，引他上钩。"二人谢过老皮匠后又上路了。

路上，兄妹俩又遇上一白须、白眉、白发、白衣老人，便止步上前询问办法。老人说："捉住大鳖鱼并不难，一要又长又粗万斤线搓成的粗绳；二要万斤铁打成的鱼钩；三要万斤重的牛皮大草牛；四要力拔山兮的壮士。四者概不能缺。"老者打量着兄妹俩，又道："你俩若诚心诚意，便背上我回家。很快你二人便能成为气力无边的人。"

二人满口答应，哥哥大箭背起老人，只觉沉甸甸的，仿佛有千余斤。他每走一步便觉长高一尺，气力增长一倍。他背着老者走了百来里路，身子已高百尺，力大无边。于是又换妹妹大好背上老人，等离家还有约二十里路的时候，老者道："你兄妹二人诚心为民，现已力大无比，可铲除大鳌鱼了，放我在此地就此别过吧。"一晃眼老人便消失了，兄妹二人跪拜道谢。

二人回到殷家堡调动乡亲邻里，纺线搓绳，打铁制钩，缝牛皮塞草料，众人齐心协力最终做好了粗绳、鱼钩和草牛。兄妹俩连夜赶到大舜江边，将

鱼钩塞进大草牛肚子里，绑好粗绳等待大鳌鱼现身。当日正值八月十五，月出时，大鳌鱼从水中浮出，看见江边有头小山大的牛时，铆足气力游到岸边一口吞了大草牛。大铁钩刺穿了它的五脏六腑，大箭、大好见状赶忙将大鳌鱼拉上岸，乡亲邻里都不约而同地赶来帮忙。

大好、大箭生怕大鳌鱼逃脱再祸害百姓，两人不分昼夜地手拿鱼叉箭矢守着大鳌鱼。经年累月，二人和大鳌鱼一起化成了山。人们为了纪念兄妹二人，给山起名"好箭山"，后文人墨客来此地，改名为"蒿尖山"。